BEI GRIN MACHT SICH IHR WISSEN BEZAHLT

- Wir veröffentlichen Ihre Hausarbeit, Bachelor- und Masterarbeit

- Ihr eigenes eBook und Buch - weltweit in allen wichtigen Shops

- Verdienen Sie an jedem Verkauf

Jetzt bei www.GRIN.com hochladen und kostenlos publizieren

Bibliografische Information der Deutschen Nationalbibliothek:

Die Deutsche Bibliothek verzeichnet diese Publikation in der Deutschen National-bibliografie; detaillierte bibliografische Daten sind im Internet über http://dnb.d-nb.de/ abrufbar.

Impressum:

Copyright © 2012 GRIN Verlag, Open Publishing GmbH
Druck und Bindung: Books on Demand GmbH, Norderstedt Germany
ISBN: 9783668261181

Dieses Buch bei GRIN:

http://www.grin.com/de/e-book/210151/achsensymmetrie-im-jahrgangsgemischten-unterricht-mathematik-in-der-1

Cindy Kushmann

Achsensymmetrie im jahrgangsgemischten Unterricht. Mathematik in der 1. und 2. Klasse der Grundschule

GRIN Verlag

GRIN - Your knowledge has value

Der GRIN Verlag publiziert seit 1998 wissenschaftliche Arbeiten von Studenten, Hochschullehrern und anderen Akademikern als eBook und gedrucktes Buch. Die Verlagswebsite www.grin.com ist die ideale Plattform zur Veröffentlichung von Hausarbeiten, Abschlussarbeiten, wissenschaftlichen Aufsätzen, Dissertationen und Fachbüchern.

Besuchen Sie uns im Internet:

http://www.grin.com/

http://www.facebook.com/grincom

http://www.twitter.com/grin_com

Unterrichtsentwurf im Lernbereich Mathematik

für die unterrichtspraktische Prüfung
im Rahmen der Zweiten Staatsexamensprüfung
für das Amt des Lehrers

Thema der Stunde: *„Achsensymmetrie an Stationen"*

Festigungsstunde in Form von Stationslernen zur Unterrichtseinheit
„Achsensymmetrie ebener Figuren"

Name: Cindy Kushmann	Lernbereich: Mathematik	Stunde/ Zeit: 2. Stunde / 9:05 – 9:50 Uhr
Datum: 08. 05. 2012		Klasse: A2

Anzahl der Schüler/innen: 25 Schüler
(14 w / 11 m)

Inhaltsverzeichnis

Individuelle Kompetenzentwicklung des Lehrenden

Planung und Durchführung schüleraktivierender und kommunikationsfördernder Partnerarbeit im Mathematikunterricht.

Stundenthema und Gliederung der Unterrichtseinheit

	Thema der Stunde	Allgemeine mathematische Kompetenzen	Inhaltliche mathematische Kompetenzen
1	<u>Erste Wege zur Achsensymmetrie</u> • Herstellung erster symmetrischer Figuren durch Falten, Schneiden, Klecksbilder • Die Figuren vergleichen und die Eigenschaften benennen • Begriffe kennenlernen: *Faltlinie, Symmetrieachse, symmetrisch*	Darstellen/ Kommunizieren	Form und Veränderung
2	<u>Figuren und Bilder symmetrisch ergänzen I</u> • Legen mit geometrischen Formen • Spannen am Geobrett • Symmetrie mit einem Spiegel überprüfen	Darstellen/ Kommunizieren	
3	<u>Figuren und Bilder symmetrisch ergänzen II</u> • Bilder und Figuren durch Zeichnen u. a. mit Hilfe von Gitterpapier symmetrisch ergänzen • Bilder und Figuren durch Färben/ Ausmalen symmetrisch ergänzen • Symmetrie mit einem Spiegel überprüfen	Darstellen/ Kommunizieren	
4	<u>Symmetrieachsen entdecken – keine, eine oder mehrere?</u> → Gegenstände und Figuren aus der Umwelt auf Symmetrie überprüfen → Buchstaben, Flaggen, Verkehrszeichen, geometrische Figuren, Menschen, Tiere, Pflanzen, Technik • Symmetrie als Eigenschaft einer Figur erkennen, beschreiben und erklären • Durch Probieren mit einem Spiegel Symmetrie nachweisen • Begriffe kennenlernen: *Spiegelachse, waagerecht, senkrecht*	Darstellen/ Kommunizieren	
5	<u>**Symmetrie an Stationen I**</u> • Festigung der Thematik	**Darstellen/ Kommunizieren**	
6	<u>Symmetrie an Stationen II</u> • Lernstandsdiagnose	Darstellen/ Kommunizieren	

Kompetenzen und Standards

Standards des Rahmenlehrplans	Stand der Kompetenzentwicklung	Konkretisierung der Standards für diese Stunde
Prozessbezogene Standards Darstellen Die Schülerinnen und Schüler • übertragen eine Darstellung in eine andere, • vergleichen und bewerten Darstellungen miteinander. (KMK S. 8) Kommunizieren Die Schülerinnen und Schüler • beschreiben eigene Vorgehensweisen, verstehen Lösungswege anderer und reflektieren gemeinsam darüber, • verwenden mathematische Fachbegriffe und Zeichen sachgerecht, • bearbeiten Aufgaben gemeinsam, treffen dabei Verabredungen und halten diese ein. (KMK S. 8)	**Prozessbezogene Standards** Den Schülerinnen und Schülern ist bewusst, dass beim Vergleichen von Darstellungen o. a. stets Gemeinsamkeiten und Unterschiede benannt werden. Mittlerweile versuchen sie, ihre Handlungen und Lösungen zu verbalisieren und dabei immer häufiger Fachvokabular zu verwenden. Nicht nur das Ergebnis stellt für den größten Teil der Klasse einen wichtigen Aspekt beim Bearbeiten von Aufgaben dar, sondern allmählich auch immer mehr der Lösungsweg. Mit Hilfe von Rechenkonferenzen haben die Lösungswege anderer einen wichtigen Platz im Unterricht eingenommen. Gemeinsam werden Aufgaben besprochen und Lösungen gefunden.	
Inhaltsbezogene Standards Raum und Form Die Schülerinnen und Schüler • verfügen über räumliches Vorstellungsvermögen (KMK S. 10) • erkennen, beschreiben und nutzen die Eigenschaften der Achsensymmetrie, (KMK S. 10; RLP S. 28) • erfassen Lagebeziehungen in der Ebene und im Raum, • legen, zeichnen, setzen zusammen, falten und schneiden, • erkennen, benennen, vervollständigen und stellen identische und spiegelsymmetrische Bilder dar. (RLP S. 32)	**Inhaltsbezogene Standards** Die Schülerinnen und Schüler haben ihr räumliches Vorstellungsvermögen seit Beginn des Schuljahres erheblich weiter entwickelt. Die Lagebeziehungen (rechts, links, über und unter) werden mittlerweile von vielen als Fachvokabular verwendet. Sie kennen größtenteils die Eigenschaften ebener Figuren (Rechteck, Quadrat, Kreis, Dreieck) und können diese auch benennen und zeichnen. Ihre Feinmotorik im Umgang mit einer Schere ist inzwischen viel besser geworden. Sie können die Merkmale achsensymmetrischer Figuren benennen: (deckungs-)gleiche Hälften, die in Farbe, Form, Größe, Muster und Lage zur Achse übereinstimmen.	Die Schülerinnen und Schüler erkennen und erstellen symmetrische Figuren.

Individuelle Kompetenzentwicklung

Ist-Stand	Soll-Stand	Maßnahmen zur Erreichung der Standardkonkretisierung
P hat derzeit Schwierigkeiten in der Kommunikation mit seinen Mitschülern. Er ist schnell demotiviert, wenn er nicht zu einer Lösung kommt bzw. sehr viel Zeit für die Bearbeitung einer Aufgabe benötigt. Dann verweigert er auch gern die Weiterarbeit im Unterricht. Die Thematik ist für ihn interessant, da er mehr Erfolge hat, was sein Selbstwertgefühl ein wenig steigert. Dennoch fällt es ihm schwer, die Merkmale symmetrischer Figuren zu erkennen. Er ist kaum in der Lage, seine Handlungen zu verbalisieren. Er verwendet selten Fachvokabular.	P wird gemeinsam mit seinem Partner L die Aufgaben bearbeiten und sich in diese Arbeit gewinnbringend einbringen. Er wird versuchen, nicht aufzugeben, sondern die Hilfe von L annehmen. Zusätzlich wird Ps Sprachwortschatz erweitert. Er erkennt immer häufiger symmetrische Formen, Figuren und Bilder. Gemeinsam nutzt er die Lösungsblätter nach der Bearbeitung einer Aufgabe und kommt nicht zur Lehrerin, um Bestätigung zu erhalten(eigenverantwortliches Lernen). Bei Angeboten für die Einzelarbeit wird er meist die erste Differenzierungsstufe wählen.	- Anregung des Interesses durch unterschiedliches Materialangebot - auch die Partnerarbeit mit L wird ihn zur Mitarbeit anregen - da L mittlerweile seine Kompetenz im Erklären bestimmter Sachverhalte weiterentwickelt hat, profitiert Ps Sprachwortschatz davon - die Aufgaben knüpfen an Vorwissen an und führen so zu schnelleren Erfolgserlebnissen - Wortkarten (Sicherungsphase)
E ist eine sehr schüchterne Schülerin, die sich trotz ihrer guten Sachkompetenz kaum zu Wort meldet. Sie erschließt sich die Aufgaben meist eigenständig, traut sich leider des Öfteren nicht bei Unklarheiten nachzufragen. Die derzeitige Thematik spricht sie sehr an, da sie von Beginn an relativ wenige Verständnisschwierigkeiten hatte. Fachvokabular kann sie sich nur sehr langsam und mit Visualisierungen merken.	E wird ihre Schüchternheit überwinden und Ms Fragen weitestgehend beantworten. Dabei schult sie ihre Ausdrucksfähigkeit. Beim Erstellen symmetrischer Figuren wird sie größtenteils erfolgreich sein. Sie wird die Merkmale symmetrischer Figuren ansatzweise benennen. Bei Angeboten für die Einzelarbeit wird sie größtenteils die erste Differenzierungsstufe wählen.	- die Partnerarbeit mit der aufgeweckten Maja wird sie aus der „Reserve" locken, da Maja direkt nachfragt, wenn sie etwas nicht verstanden hat und so anregend auf eine Kommunikation wirkt - Anregung der Mitarbeit durch unterschiedliches Materialangebot - Wortkarten (Sicherungsphase)
A ist eine zielstrebige Schülerin, die im Unterricht sehr gut mitarbeitet. Ihre Ausdrucksfähigkeit ist gut. Sie versucht auch zunehmend Fachvokabular zu verwenden. Lediglich die Zusammenarbeit mit Leistungsschwächeren Schülern bereitet ihr Schwierigkeiten, da sie wenig Geduld hat, wenn Mitschüler Inhalte nicht gleich verstehen.	A wird die führende Rolle einnehmen und dabei versuchen, sich auf ihre Partnerin J zu konzentrieren und ihr zu helfen, wenn Schwierigkeiten auftreten. Ihre Kommunikationsfähigkeit entwickelt sie dadurch weiter. Bei Angeboten für die Einzelarbeit wird sie auch die zweite Differenzierungsstufe wählen.	- Die Partnerarbeit mit der schüchternen Mitschülerin J wird sie herausfordern.

Unterrichtsvoraussetzungen

Die Grundschule ist seit 2004 eine gebundene Ganztagsschule, in der die Klassen 1 und 2 in einer flexiblen Schulanfangsphase vereint sind. Die Schüler der Pinguinklasse (Saph A2) kommen aus X. Obwohl in der Schule ca. 26% der Schüler nichtdeutscher Herkunft sind, können in dieser Klasse alle Deutsch verstehen sowie sich auch in dieser Sprache verständigen. Insgesamt besteht die Klasse aus 25 Schülern, 14 Mädchen (sechs im ersten Schulbesuchsjahr und acht im zweiten Schulbesuchsjahr) und elf Jungen (acht im ersten Schulbesuchsjahr und sechs im zweiten Schulbesuchsjahr).

Die mündliche Mitarbeit der Schüler ist gut, da der größte Teil motiviert ist und am Unterrichtsgeschehen stets aktiv teilnimmt. Im schriftlichen Bereich sind die Schüler immer noch an ihre Lese- und Schreibkompetenz gebunden, die auch bei den älteren Schülern noch zu Schwierigkeiten führen. Somit ist das Tempo beim Bearbeiten von schriftlichen Arbeitsaufträgen beim Großteil der Klasse sehr gering. Auf diese Unterschiede wird häufig mit differenziertem Material eingegangen.

Das Bearbeiten von Aufgaben verschiedener Schwierigkeitsstufen sowie nach quantitativen Vorgaben ist den Schülerinnen und Schülern bekannt und wird auch gut angenommen. Um sie zu eigenverantwortlichen Lernern zu erziehen, habe ich in den letzten Wochen die Selbstkontrolle durch verstärkten Einsatz von Kontrollblättern sowie Experten thematisiert. Sie sind in der Lage, die Kontrollinstanzen nicht bereits im Vorfeld zu verwenden, sondern tatsächlich erst nach vollständiger Bearbeitung einer Aufgabe.

Eine andere Möglichkeit der Differenzierung ist die Funktion des Paten zu nutzen. Jeder Schulanfänger hat einen Mitschüler des zweiten Schulbesuchsjahres als Paten, der bei Fragen oder Schwierigkeiten die erste Ansprechperson ist. Deswegen werden bereits seit Schulbeginn Sozialformen wie Einzel- und Partnerarbeit praktiziert. Aufgrund der Gestaltung der Lernumgebung ist den Schülern ebenfalls die gemeinschaftliche Arbeit in Gruppen vertraut. Es gibt fünf Tischgruppen, die verschiedene Farben haben. Jede Tischgruppe setzt sich aus mindestens drei einzelnen Tischen zusammen, was das Lern- und Sozialklima in meinen Augen begünstigt. In Stillarbeitsphasen ist die Lerngruppe an entsprechende Hintergrundmusik gewohnt, die sie auch einfordern, da es gleichzeitig ein Signal für die „Flüsterzeit" ist. Die Lernumgebung ist zudem stets so gestaltet, dass Schülerinnen und Schüler sich eigenständig Hilfsmittel bzw. Anschauungsmaterial nehmen. Auch sind sie es gewohnt, in Kleingruppen an anderen Orten zu lernen. Aufgrund dessen ist die Klassentür meistens geöffnet, so dass die Aufsichtspflicht bewahrt bleibt.

Im Bereich Form und Veränderung ist die Lerngruppe in der Lage, ausgewählte Körper und ebene Figuren zu benennen und darzustellen. Das Messen, Zeichnen, Legen, Formen sowie Falten und Schneiden wurde ebenfalls bereits thematisiert. Sich im Raum zu orientieren bzw. Lagebeziehungen zu beschreiben, bereitet einigen noch Schwierigkeiten. Umso wichtiger ist es, das Kommunizieren zu fördern, indem Schülerinnen und Schüler dazu befähigt werden, ihre Handlungen zu verbalisieren.

An dieser Stelle möchte ich auf drei Schüler eingehen:

K ist ein Schulanfänger mit einem sonderpädagogischen Förderbedarf im Bereich Sprache. Ein weiterer notwendiger Antrag auf sonderpädagogischen Förderbedarf Lernen wird von den Eltern abgelehnt. Aufgrund dessen bekommt er täglich zwei Stunden Förderunterricht in temporären Lerngruppen und nimmt in der Zeit nicht am regulären Unterrichtsgeschehen teil. Er ist verhaltensauffällig und zeigt Schwierigkeiten in der emotionalen und sozialen Entwicklung. Oft stört er seine Mitschüler und wird handgreiflich. Er kann sich nicht lange auf eine Aufgabe konzentrieren. Eine Aufgabe kann er auch nur mit Hilfe der Lehrerin bearbeiten, da er diese sonst nicht versteht oder sich zu schnell wieder mit anderen Dingen beschäftigt. Sein Sprachvermögen ist nur sehr begrenzt, was nicht an der türkischen Abstammung liegt. Seine Mutter hat ihn entgegen der Schulempfehlung an unserer Ganztagsschule angemeldet, damit er von der Gesellschaft so akzeptiert wird, wie er ist. Leider sieht der Schulalltag anders aus, da es ohne Schulhelfer kaum realisierbar ist, diesem Jungen mit seinem Bedarf an individueller Zuwendung gerecht zu werden.

G ist eine Schülerin im zweiten Schulbesuchsjahr. Sie hat eine audio-visuelle Wahrnehmungsstörung. Aufgrund dessen hat sie Schwierigkeiten beim Erwerb der Schriftsprache. Im Vergleich zu ihren gleichaltrigen Mitschülern, liest sie nur mit sehr viel Mühe und auch das Abschreiben von Wörtern fällt ihr sehr schwer. Auch im Bereich Zahlen und Operationen hat sie Schwierigkeiten. Was ihr im Zahlenraum bis 20 noch teilweise gelingt, kann sie jedoch nicht auf den erweiterten Zahlenraum übertragen. Mit dem Umgang von Materialen zur Unterstützung beim Rechnen ist sie vertraut (sie bevorzugt die Hundertertafel). Trotz dieser Schwierigkeiten, ist sie motiviert und nimmt am Unterrichtsgeschehen positiv teil.

B ist ein aufgewecktes Mädchen, hat jedoch große Schwierigkeiten, sich zu konzentrieren, weshalb sie Aufgaben des Öfteren nicht dem Arbeitsauftrag entsprechend bearbeitet oder diese nicht in dem vorgegebenen Zeitrahmen beendet. Auch kommt es von Zeit zu Zeit vor, dass sie sich ganz dem Unterricht verweigert und es kein Rankommen an sie gibt. Ein Antrag auf emotional-sozialen Förderbedarf ist bereits gestellt. Oft wirkt sie gelangweilt, was sich eventuell darauf zurückzuführen lässt, dass sie bereits das dritte Schulbesuchsjahr in dieser Klasse ist und ihr daher vieles bereits bekannt ist.

Sachanalyse

<u>Das Thema der Stunde</u> lässt sich dem Bereich der Form und Veränderung zuordnen. Der Begriff Symmetrie kommt ursprünglich aus dem Griechischen und bedeutet allgemein verwendet Gleichmäßigkeit. Es wird zwischen verschiedenen Symmetriearten unterschieden: Achsensymmetrie, Punktsymmetrie, Drehsymmetrie, Schubsymmetrie, Schubspiegelungssymmetrie. Bezug nehmend auf die vorliegende Unterrichtseinheit beschränke ich mich auf die Achsensymmetrie. Eine ebene Figur heißt *achsensymmetrisch (axial- oder spiegelsymmetrisch)*, wenn sie durch eine Spiegelung an einer Geraden g auf sich selbst abgebildet wird. Die Achse, an der gespiegelt wird, heißt *Symmetrieachse*. Achsensymmetrie einer Figur liegt vor, wenn diese durch Umklappen um die Symmetrieachse bspw. durch Falten zur Deckung gebracht werden kann. Durch das Umklappen ergibt sich eine geometrische Abbildung, bei der jedem Punkt P der Ebene genau ein Bildpunkt P´ zugeordnet ist. Dabei hat der Originalpunkt P den gleichen Abstand zur Symmetrieachse wie sein Bildpunkt P´(MP = MP´). Die Strecke PP´ ist rechtwinklig zu der Symmetrieachse und wird von ihr halbiert. Ebene Figuren können unterschiedlich viele Symmetrieachsen besitzen.

Aufgabenanalyse

Station	Allgemeine mathematische Kompetenz:	Inhaltliche mathematische Kompetenz	Anforderungsbereich laut KMK	Tätigkeiten der Schüler
1	SuS... - vergleichen und bewerten Darstellungen miteinander, - beschreiben eigene Vorgehensweisen, verstehen Lösungswege anderer, - bearbeiten Aufgaben gemeinsam, treffen dabei Verabredungen und halten diese ein.	SuS... - erkennen, beschreiben und nutzen die Eigenschaften der Achsensymmetrie, - erkennen, benennen, vervollständigen spiegelsymmetrische Bilder.	I	PA: SuS vergleichen Bildhälften und finden das Spiegelbild, das die vorgegebene Bildhälfte symmetrisch ergänzt.
2	SuS... - übertragen eine Darstellung in eine andere	SuS... - zeichnen, falten und schneiden, - erkennen und stellen spiegelsymmetrische Bilder dar.	I / II	a) SuS schneiden eine Bildvorlage aus einem gefalteten Blatt aus. Kleben Faltschnitt auf ein Plakat. b) SuS falten ein Blatt und schneiden eine Figur (Wortvorgabe) frei Hand aus. Kleben Faltschnitt auf ein Plakat.
3	SuS... - vergleichen und bewerten Darstellungen miteinander, - verwenden mathematische Fachbegriffe sachgerecht, - bearbeiten Aufgaben gemeinsam, treffen dabei Verabredungen und halten diese ein.	SuS... - erkennen, beschreiben und nutzen die Eigenschaften der Achsensymmetrie, - erfassen Lagebeziehungen in der Ebene und im Raum, - zeichnen - erkennen, benennen spiegelsymmetrische Bilder.	I / II	PA: a) SuS betrachten je vier Bilder in einer Reihe und überprüfen diese auf Symmetrie. Sie kreuzen das eine symmetrische Bild an. b) SuS betrachten verschiedene Tiere und kreuzen die symmetrischen Tiere an. Zusätzlich zeichnen sie mit Hilfe des Lineals die Symmetrieachse (unterschiedliche Lage) ein.
4	SuS... - vergleichen und bewerten Darstellungen miteinander, - verwenden mathematische Fachbegriffe sachgerecht, - bearbeiten Aufgaben gemeinsam, treffen dabei Verabredungen und halten diese ein.	SuS... - erkennen, beschreiben und nutzen die Eigenschaften der Achsensymmetrie, - legen, setzen zusammen, - erkennen und stellen spiegelsymmetrische Bilder dar.	II/III	PA: SuS finden und erkennen die symmetrischen Bildhälften nach Memory-Regeln. Differenzierung erfolgt durch Qualität und Quantität der Karten.

	SuS...	SuS...		
5	- übertragen eine Darstellung in eine andere	- verfügen über räumliches Vorstellungsvermögen, erkennen und nutzen die Eigenschaften der Achsensymmetrie, - erkennen, vervollständigen und stellen spiegelsymmetrische Bilder dar.	II	SuS ergänzen ein vorgegebenes Muster achsensymmetrisch unter Berücksichtigung der Lage der Symmetrieachse.
6	- übertragen eine Darstellung in eine andere, - vergleichen und bewerten Darstellungen miteinander, - beschreiben eigene Vorgehensweisen, verstehen Lösungswege anderer und reflektieren gemeinsam darüber, - verwenden mathematische Fachbegriffe sachgerecht, - bearbeiten Aufgaben gemeinsam, treffen dabei Verabredungen und halten diese ein.	- erkennen, beschreiben und nutzen die Eigenschaften der Achsensymmetrie, - erfassen Lagebeziehungen in der Ebene und im Raum, - legen, - vervollständigen und stellen und spiegelsymmetrische Bilder dar.	II	PA: a) Schüler A legt eine vorgegebene Figur mit farbigen, geometrischen Formen nach und Schüler B ergänzt diese achsensymmetrisch. b) Schüler A legt eine Figur aus geometrischen Formen und Schüler B ergänzt diese ebenfalls mit Legematerial achsensymmetrisch.
7	- übertragen eine Darstellung in eine andere, - vergleichen und bewerten Darstellungen miteinander, - beschreiben eigene Vorgehensweisen, verstehen Lösungswege anderer und reflektieren gemeinsam darüber, - verwenden mathematische Fachbegriffe sachgerecht, - bearbeiten Aufgaben gemeinsam, treffen dabei Verabredungen und halten diese ein.	- verfügen über räumliches Vorstellungsvermögen, erkennen und nutzen die Eigenschaften der Achsensymmetrie, - erfassen Lagebeziehungen in der Ebene, - erkennen und stellen spiegelsymmetrische Bilder dar.	II	PA: Schüler A spannt die vorgegebene Figur mit einem Gummi auf einem 5x5 Geobrett. Schüler B erstellt auf seinem Geobrett dass achsensymmetrische Spiegelbild. Das Ergebnis wird auf dem AB eingezeichnet.

	SuS...	SuS...		
8	- vergleichen und bewerten Darstellungen miteinander, - verwenden mathematische Fachbegriffe sachgerecht, - bearbeiten Aufgaben gemeinsam, treffen dabei Verabredungen und halten diese ein.	- erkennen, beschreiben und nutzen die Eigenschaften der Achsensymmetrie, - legen, setzen zusammen, - erkennen, benennen, stellen spiegelsymmetrische Bilder dar.	I/II	PA: SuS setzen achsensymmetrische Bildhälften nach Dominoregeln zusammen.
9	- vergleichen und bewerten Darstellungen miteinander.	- verfügen über räumliches Vorstellungsvermögen, - erfassen Lagebeziehungen in der Ebene, - erkennen, stellen spiegelsymmetrische Bilder dar.	I/II	SuS färben ein Bild achsensymmetrisch.
10	- vergleichen und bewerten Darstellungen miteinander, - verwenden mathematische Fachbegriffe sachgerecht, - bearbeiten Aufgaben gemeinsam, treffen dabei Verabredungen und halten diese ein.	- verfügen über räumliches Vorstellungsvermögen, - erkennen, beschreiben und nutzen die Eigenschaften der Achsensymmetrie, - erfassen Lagebeziehungen in der Ebene und im Raum, - erkennen, benennen spiegelsymmetrische Bilder.	I-III	PA: SuS vergleichen achsensymmetrische Spiegelbilder und markieren bis zu fünf Fehlern mit Plättchen. Differenzierung erfolgt über die Komplexität der Bilder.
11	- vergleichen und bewerten Darstellungen miteinander, - verwenden mathematische Fachbegriffe sachgerecht, - bearbeiten Aufgaben gemeinsam, treffen dabei Verabredungen und halten diese ein.	- erkennen, beschreiben und nutzen die Eigenschaften der Achsensymmetrie, - erfassen Lagebeziehungen in der Ebene und im Raum, - erkennen, benennen spiegelsymmetrische Bilder.	I-II/III	PA: a) SuS ordnen nach dem LüK-Prinzip Bildhälften so zu, dass eine achsensymmetrische Figur entsteht. b) SuS entscheiden, ob eine Figur eine Symmetrieachse hat und legen das Material nach dem LüK-Prinzip.

Überlegungen zur Lehr- und Lernstruktur

Symmetrie ist laut Winter, Grassmann, Franke u. a. die Kernidee des Geometrieunterrichts. Diese fundamentalen Ideen haben Bezüge zur Lebensumwelt der Schülerinnen und Schüler, weisen verschiedene Aspekte (Formaspekt, algebraischer, ästhetischer, ökonomisch-technischer und arithmetischer Aspekt) und Zugänge auf, die im Verlauf der Grundschulzeit weiter ausgebaut werden können.

Gegenwartsbedeutung

Die Umwelt der Kinder ist reich an symmetrischen Elementen (Blumen, Blätter, Schmetterlinge, der eigene Körper). Zudem werden symmetrische Formen als ästhetisch und besonders schön empfunden. Kinder malen Bilder oft unbewusst symmetrisch aus, stellen Schnittmuster oder Klecksbilder her und auch beim Bauen eines Papierfliegers nutzen sie die Eigenschaften der Achsensymmetrie. Aus diesem Grund liefert die Untersuchung symmetrischer Figuren einen wichtigen Zugang zur Mathematik und schult gleichzeitig das räumliche Vorstellungsvermögen.

Zukunftsbedeutung

Der Begriff der Symmetrie wird den Kindern in Zukunft immer wieder über den Weg laufen, denn sie wird nach dem Spiralprinzip in den folgenden Schuljahren wieder aufgegriffen und unter zusätzlichen Aspekten bearbeitet (Drehsymmetrie, Verschiebung, Symmetrien in Bandornamenten und Parketten; Körpersymmetrie in der Biologie; Teilchensymmetrie in der Chemie, etc.).

Exemplarität

Der Geometrieunterricht vermittelt Fertigkeiten, die Schülerinnen und Schüler dazu befähigen, wichtige Handlungen auszuführen (Zeichnen, Konstruieren, Darstellen). Sie lernen den Umgang mit Fachbegriffen und wenden ihre Kenntnisse über Eigenschaften symmetrischer Figuren zur Lösung von Aufgaben an. Zudem werden ihr räumliches Vorstellungsvermögen sowie ihre Abstraktionsfähigkeit weiter entwickelt. Der Umgang mit achsensymmetrischen Figuren bereitet die

Schülerinnen und Schüler spielerisch-experimentell (an konkreten Objekten) und konstruktiv (an Zeichnungen) auf einen fortführenden Geometrieunterricht vor. Zudem ermöglichen ihnen geometrische Unterrichtsinhalte Aspekte der Mathematik zu erschließen, die ein auf Arithmetik und Algebra ausgerichteter Unterricht nicht leisten könnte. Das sind Aspekte wie der Umweltbezug der Mathematik, ihre Wechselwirkung mit der Wirklichkeit, die Möglichkeit, kreativ und forschend zu arbeiten, sowie mathematische Erkenntnisse durch konkretes Handeln zu gewinnen. Geometrie kann demnach eine Hilfe sein, sich in unserer Umwelt zu orientieren, unsere Umwelt besser zu verstehen und den Schülerinnen und Schülern Hilfen geben, das eigene Handeln in dieser Umwelt zu begreifen.

Differenzierung

Die Differenzierung *erfolgt individuell nach Zeit (eigenes Lerntempo), nach der Sozialform (Einzel- und Partnerarbeit) und nach dem angebotenen Material.*

Didaktische Reduktion

Beschränkung auf Achsensymmetrie ebener Figuren. „Sind räumliche Objekte symmetrisch, so könnten eine Spiegelung an einer Ebene oder eine Drehung um eine Achse vorliegen. Diese Abbildungen sind visuell nur schwer wahrzunehmen." (Franke 2007, S. 222)

Zudem werden keine Spiegelbilder mit Hilfe des Spiegels hergestellt, da dies für Schülerinnen und Schüler dieses Alters durch die hinzukommende räumliche Ebene schwierig ist, auf die „normale" Ebene zu transferieren. Der Spiegel dient lediglich der Überprüfung von Achsensymmetrie.

Eine schülergemäße Definition, die am Vorwissen anknüpft, könnte folgendermaßen lauten:

Eine symmetrische Figur hat mindestens eine Symmetrieachse.
Die Symmetrieachse teilt die Figur in (deckungs-)gleiche Hälften.
Die Hälften haben die gleiche Form, Größe, Farbe, Muster und Lage zur Symmetrieachse.

Aufgrund des heterogenen Leistungsstandes der Schülerinnen und Schüler bietet sich das Stationslernen als Festigungsstunde zum Thema Achsensymmetrie besonders an. In Form von Stationen erhalten sie verschiedene Lernangebote, die sie weitgehend selbständig bearbeiten können. Die Methode ermöglicht somit den Schülerinnen und Schülern eine individuelle Auseinandersetzung mit der Thematik. Zu den Merkmalen des Stationslernens gehört ebenso, dass an den einzelnen Stationen lerntypenspezifische Angebote gemacht werden.

In welcher Reihenfolge die Stationen durchlaufen werden, ist den ihnen selbst überlassen. Neben den Pflichtstationen (1-8) gibt es drei Wahlaufgaben (9-11), bei denen sie die Angebote so wählen sollen, dass die ihrem Lerntyp, ihren Interessen und ihrem persönlichem Leistungsvermögen am besten entsprechen. Auf diese Weise werden eigenverantwortliches und selbständiges Arbeiten gefördert.[1] Dabei fungiert der Lehrer lediglich als Lernbegleiter, da er sich während der Arbeitsphase aus dem Mittelpunkt des Unterrichtsprozesses herausnimmt. Treten Schwierigkeiten auf, kann er individuell beraten, jedoch nicht vorzeitig in den Denkprozess der Lernenden eingreifen.

Damit niemand den Überblick verliert, was bereits bearbeitet wurde und welche Stationen noch zu durchlaufen sind, erhält jedes Schülerpaar einen Laufzettel, auf dem die erledigten Stationen angekreuzt werden. Zusätzlich gibt es eine Gesamtübersicht an der Tafel. Auf diese Weise kann sich auch der Lehrer einen Überblick über das Lerntempo der Schülerinnen und Schüler verschaffen.

Mit dem Einstieg wird das Vorwissen der Schülerinnen und Schüler hinsichtlich der Methode reaktiviert. Mit Hilfe der Visualisierungskärtchen werden exemplarisch an einer Station die Arbeitsschritte benannt.

---

[1] Mattes, W.: Methoden für den Unterricht. Schöningh-Westermann, 2007 Paderborn

Für die Erarbeitungsphase wird als Sozialform die Partnerarbeit gewählt, wodurch alle Bereiche der Handlungskompetenz angesprochen werden: Daran wird deutlich, dass die soziale Kompetenz der Schülerinnen und Schüler hier eine besonders wichtige Rolle einnimmt. Ein Ziel gemeinsam mit einem Mitschüler zu verfolgen und einen anderen Lösungsweg zu verstehen und anzuerkennen, sich an Regeln halten – das gehört in diesen Bereich mit rein. In dem sich die Schülerinnen und Schüler mit dem Inhalt und den Aufgaben selbstständig befassen, Zusammenhänge herstellen, eigene Lösungsansätze finden und Kritik äußern, entwickeln sie zusätzlich ihre Fähigkeiten und Fertigkeiten auf der sachlichen / fachlichen Ebene kontinuierlich weiter (Sachkompetenz). Sie lernen bei der Stationsarbeit ebenso, sich die Zeit einzuteilen und dabei annähernd strukturiert vorzugehen. Sie wenden verschiedene Arbeitstechniken und Lernstrategien an, wobei deutlich wird, dass die Lesestrategie die Basis für das gesamte Lernen bildet (Methodenkompetenz). Mit Hilfe des Partners gelingt es auch den jüngeren Schülern anspruchsvolle Aufgaben zu bewältigen. Sie lernen somit besser mit der Situation umzugehen, manchmal der jüngere aber nicht unbedingt der leistungsschwächere Schüler zu sein. Das dadurch wachsende Selbstwertgefühl kommt allen Bereichen der Schule sowie der anderen Fächer zu Gute.[2]

Die Sicherung spielerisch zu gestalten, hat sich in der Schulanfangsphase sehr bewährt. Nach einer intensiven Arbeitsphase können die Schülerinnen und Schüler auf diese Weise nochmals zur Mitarbeit motiviert werden. Jeder erhält ein Bild, zu dem genau ein achsensymmetrisches Spiegelbild dazugehört. Im Sinne von Bewegtem Lernen laufen die Schülerinnen und Schüler umher und vergleichen ihre Bilder. Gemeinsam müssen sie entscheiden, ob sie ein Symmetriepaar sind oder nicht. Bestenfalls begründen sie ihre Entscheidung mit dem eingeführten Fachvokabular. Als Differenzierung werden Wortkarten angeboten.

---

[2] RLP Grundschule - Mathematik: S. 9

Verlaufsplanung

Phase / Zeit	Lernsituation	Sozialform, Medien
I. Phase <u>Begrüßung & Einstieg</u> → ca. 5' / 9.05 - 9.10 Uhr	• L. und SuS begrüßen sich und die Prüfungskommission • gemeinsam werden die Arbeitsschritte für das Lernen an Stationen exemplarisch an einer Station wiederholt → Laufzettel wird erläutert, ausgeteilt und beschriftet	*gUg* Tafel Visualisierungskärtchen der Arbeitsschritte, Laufzettel
	Impuls: *„Ihr habt jetzt 30 Minuten Zeit, die Aufgaben der Stationen zu bearbeiten."*	Uhr, CD Nr. 2
II. Phase <u>Erarbeitung</u> → ca. 28' / 9.10 - 9.38 Uhr	• die SuS beginnen die Bearbeitung der Aufgaben an der Station, wo sie gerade sitzen und gehen dann entsprechend der Arbeitsschritte weiter an die einzelnen Stationen • - L. fungiert lediglich als Beobachter und Lernbegleiter	*PA bzw. EA* Inhalte der Stationen Lösungen Stationsübersicht an Tafel Stifte
Übergang: → ca. 2' / 9.38 - 9:40 Uhr	Beenden der Arbeitsphase – KLINGEL – Impuls: *„Ihr habt jetzt noch 2 Minuten Zeit. Wenn es das nächste Mal klingelt, räumt ihr den Platz auf, an dem ihr gerade seid und legt die AB in die Ablage."*	Klingel
III. Phase <u>Sicherung / Abschluss</u> → ca. 8' / 9.40-9.48 Uhr	• L. gibt Feedback zur Arbeitsphase der SuS *„Finde dein symmetrisches Spiegelbild!"* → L. teilt Bilder aus • SuS verteilen sich im Raum und suchen das achsensymmetrische Spiegelbild • gemeinsam werden die Paarungen begutachtet und ein bis zwei exemplarisch besprochen Differenzierung in Form von Wortkarten: Faltlinie, Symmetrieachse, gleich, Muster, Form, Größe, Farbe, Lage zur Achse	*gUg* Halbkreis vor der Tafel Bildkarten aus AB Wortbausteine Paarspiel
	Verabschiedung und Entlassung in die Hofpause → ca. 2' / 9.48 - 9.50 Uhr	

Literatur

Beschlüsse der Kultusministerkonferenz: Bildungsstandards im Fach Mathematik für den Primarbereich. München 2004

Brall, C.: Flex und Flo – Lehrermaterialien. Diesterweg , Braunschweig 2008

Brall, C.: Flex und Flo – Lernen an Stationen. Diesterweg, Braunschweig 2008

Brunner, U.; Quendt, B.; Raisch, N.: Denken und Rechnen – Symmetriewerkstatt. Jahrgangsübergreifend unterrichten. Westermann Verlag, Braunschweig 2011

Franke, M.: Didaktik der Geometrie in der Grundschule. Spektrum akademischer Verlag, 2. Auflage, München 2008

Mattes, W.: Methoden für den Unterricht. Schöningh-Westermann, Paderborn 2007

Meyers Neues Lexikon – In 8 Bänden. Band 7: Ru-Td. Bibliographisches Institut Mannheim: Meyers Lexikonverlag.

Radatz, H.; Rickmeyer, K.: Handbuch für den Geometrieunterricht an Grundschulen. Schroedel Verlag, Hannover 1991

Senatsverwaltung für Bildung, Jugend und Sport: Rahmenlehrplan Grundschule Mathematik. Wissenschaft und Technik Verlag, Berlin 2004